ANOMALIES

DE

DÉVELOPPEMENT DU SYSTÈME OSSEUX

A PROPOS DU

NANISME ET DU GIGANTISME

PAR

M. LE DOCTEUR G. BARRAL,

MEMBRE DE L'ACADÉMIE DE NIMES.

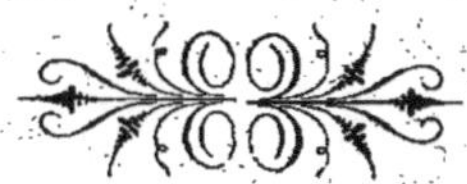

NIMES

IMPRIMERIE CLAVEL ET CHASTANIER

F. CHASTANIER, SUCCESSEUR

12 — rue Pradier — 12

1896

ANOMALIES

DE

DÉVELOPPEMENT DU SYSTÈME OSSEUX

A PROPOS DU

NANISME ET DU GIGANTISME

PAR

M. LE DOCTEUR G. BARRAL,

MEMBRE DE L'ACADÉMIE DE NIMES.

NIMES

IMPRIMERIE CLAVEL ET CHASTANIER

F. CHASTANIER, SUCCESSEUR

12 — rue Pradier — 12

1896

ANOMALIES

DE

DÉVELOPPEMENT DU SYSTÈME OSSEUX

A PROPOS DU

NANISME ET DU GIGANTISME

Mon regretté prédécesseur à cette place, le docteur Reynaud, vous avait intéressés en vous parlant des os, de leur déloppement en volume, du périoste et des découvertes modernes parmi lesquelles il citait surtout celles du docteur Ollier, démontrant que les os se développent comme le tronc des arbres, par couches successives émanant du périoste et que, de plus, on se servait de cette propriété régénératrice du périoste pour refaire l'os où il n'existait plus, pour opérer des résections péri-articulaires et conserver, grâce au périoste, l'articulation intacte, ou tout au moins sauvegarder les mouvements de cette articulation.

Je voudrais continuer cette étude, mais à un autre point de vue. Je m'occuperai du développement de l'os en longueur et des anomalies qui peuvent influencer ce développement.

Occupons-nous d'abord du développement de l'os.

Aussitôt après la fécondation, il se forme, sur un des points de l'ovule, un amas de cellules qui bientôt se segmentent en trois régions distinctes.

L'interne, le feuillet interne, fournira le tube digestif et les séreuses.

L'externe, le feuillet externe, sera l'origine de la peau et des organes des sens.

La moyenne, le feuillet moyen, donnera naissance aux muscles, aux vaisseaux, aux os.

La première manifestation du tissu osseux est un mince filament formant l'axe de ce qui va devenir l'embryon et qu'on désigne sous le nom de « notocorde », c'est la future colonne vertébrale sur laquelle, avec les progrès du développement, vont venir se greffer les divers segments du corps humain.

Cette notocorde est exclusivement composée de cellules conjonctives embryonnaires, de ces cellules indifférentes qui forment tout d'abord tout l'organisme. Peu à peu le substratum conjonctif de cet embryon d'os deviendra tissu cartilagineux, les cellules embryonnaires se transformeront en cellules cartilagineuses ou chondroplastes ; puis, grâce aux apports nutritifs, au centre de chacun de ces organes cartilagineux, au point dit « point primitif osseux », la substance cartilagineuse perd sa transparence, devient opaque, plus résistante, les cellules cartilagineuses, en ce point, deviennent cellules osseuses, la substance fondamentale, tissu osseux, et grâce à l'extension de ce travail de génération osseuse, grâce à la formation des nouveaux points osseux complémentaires, l'os peu à peu se forme.

Ce travail s'opère très rapidement ; un mois après la fécondation, la clavicule a déjà son point primitif d'ossification. Bientôt tous les autres os suivent et, à la naissance, le squelette osseux est constitué, mais n'est pas terminé. En effet, il n'existe en quelque sorte que l'ébauche de ce qui sera le squelette. Prenant pour exemple le fémur, il n'est constitué que par une tige osseuse encore peu solide et terminée, aux deux extrémités, par du tissu cartilagineux. Dans ce tissu cartilagineux vont apparaître, le plus souvent après la naissance, des point osseux complémentaires qui constitueront les épiphyses des os, épiphyses qui, par le progrès de l'ossification, deviendront apophyses, têtes osseuses, surfaces articulaires.

De plus, et c'est là le point essentiel, entre la région épiphysaire et la région de la diaphyse persiste longtemps une couche spéciale désignée sous le nom de cartilage de conjugaison. Cette couche cartilagineuse joue, au point de vue du développement de l'os en longueur, le même rôle que le périoste pour le développement cylindrique.

Si tout est normal, on voit, à certaines époques du développement de l'enfant, des théories, des séries de cellules osseuses venant de la diaphyse, comme aussi de l'épiphyse, pénétrer, par le procédé dit de rivulation, la substance fondamentale du cartilage, puis étouffer, supprimer ou se substituer aux cellules cartilagineuses. Et comme ce cartilage fait encore de nouvelles cellules cartilagineuses, le travail d'ossification va se poursuivre jusqu'au terme fixé par la nature à son développement. Ce terme n'est pas le même pour tous les os ; précoce pour certains, il est tardif pour d'autres. En tous cas, la conjugaison des épiphyses avec la diaphyse, la soudure des os n'est complète qu'à un âge relativement avancé : chez la femme la soudure est complète à 22 ans, chez l'homme de 23 à 25 ans. A ce moment le squelette est complet, est parfait, si quelque cause n'a pas nui à son développement.

Ce sont les anomalies qui peuvent se produire et qui presque toutes se passent au niveau de ce cartilage de conjugaison, que je voudrais étudier brièvement.

Dans les premières années de la vie, le système osseux se développe avec une grande intensité. Le docteur Ménard prétend qu'à 3 ans l'enfant a acquis la moitié de la taille qu'il aura plus tard. Pour comprendre ce travail de génération osseuse, il suffit de se rappeler ce qu'est le squelette, par quoi il est constitué.

Pour 100 parties, l'os, à l'âge moyen de la vie, est formé de 38 parties de substances organiques et de 62 parties de substances minérales ; les sels de soude et de magnésie entrent pour une part minime dans la constitution de l'os ; ce sont les sels de chaux, le phosphate, le carbonate, le fluate (par ordre décroissant d'importance), qui composent presque exclusivement la partie minérale de l'os.

Où dont ce jeune organisme va-t-il prendre ces sels de

chaux, cette chaux si nécessaire à son développement ? Il
la prend dans le lait de sa mère. Ce lait contient 80 centi-
grammes, presque un gramme de chaux par litre. Si cette
quantité paraît minime, étant donné que l'enfant au début
de sa vie ne prend pas un litre de lait, il suffit de se rappeler que plus tard il dépassera cette quantité, et qu'en
somme ce litre est une moyenne pour la durée de l'allaitement. De plus, un gramme de chaux donné régulièrement,
journellement et bien assimilé, cela constitue au bout de
l'année une réserve suffisante, et si on place le sevrage
vers l'âge de 18 mois, l'enfant aura absorbé près de 550
grammes de chaux, ce qui, par rapport à son poids, se
rapproche bien de la proportion normale de 113 grammes
de chaux par kilogramme du poids du corps de l'enfant, ce
qui manque étant constitué par les divers aliments qu'on
aura pu lui donner vers l'âge de 6 mois.

Donc, pour un bon développement osseux, il faut à l'enfant du bon lait.

Tout lait, même maternel, n'est pas toujours bon. Sous
l'influence d'émotions morales, de fatigues excessives, de
troubles digestifs, d'alimentation vicieuse, de maladies, le
lait de la nourrice peut devenir pauvre en chaux. Et cependant la nourrice fournit tout ce qu'elle peut, parfois même
plus qu'elle ne peut. En effet, à part la déchéance orga-
nique (d'où la porte ouverte à toutes sortes de maladies
consomptives), il arrive parfois que la mère se dépouille, à
son préjudice, des sels de chaux de son propre organisme,
et l'on voit, chez elle, se développer une altération osseuse
analogue à celle que je vais signaler chez les enfants privés de chaux. Chez la mère, l'altération aboutit à une
affection différente, l'astéomalacie, caractérisée par un ra-
mollissement, puis une incurvation, un manque absolu de
solidité des os, avec des membres qui, au gré des pressions
subies, affectent des formes jamais vues et sont privés de
tout mouvement actif.

Le lait peut être bon, mais l'enfant peut avoir été sevré
trop tôt. Il faut lui choisir une alimentation nouvelle ; c'est
œuvre délicate ! La plupart des aliments qui servent de
nourriture à l'homme, la viande, la plupart des féculents,

les légumes, sont plus riches en soude, en potasse, en magnésie qu'en chaux. On voit le danger, qui peut être évité en donnant à l'enfant des œufs, surtout le jaune, des panades au pain biscuit, des potages maigres au tapioca, aux farines diverses à base d'avoine, d'orge, toutes substances qui contiennent la chaux en grande quantité. En tous cas, un principe découle du danger signalé : ne pas sevrer trop tôt l'enfant.

Ne pas le sevrer trop tard non plus ; et la raison apparaît évidente : la mère, dès que l'enfant est devenu gros et fort, s'épuise à le nourrir. Beaucoup suffisent jusqu'au bout à l'allaitement. Mais d'autres aussi souffrent, et le lait s'en ressent ; il devient plus aqueux, moins nourrissant, et surtout la quantité de chaux diminue. L'enfant souffre à son tour, et surtout son système osseux.

Ce n'est pas là la seule cause de cette souffrance. Supposons un enfant admirablement nourri par un lait merveilleusement composé, encore faut-il qu'il conserve ce lait, qu'il le digère, qu'il assimile les matériaux utiles qu'il contient. On peut dire que la plupart des perturbations apportées dans le jeune âge au développement osseux, ont pour cause le mauvais état des fonctions gastro-intestinales. Supposons un enfant atteint de catarrhe, d'inflammation de l'estomac et de l'intestin. Il prend le lait, aussi excellent soit-il ; son estomac le refuse, il le rend. S'il ne le rend pas, il passe mal digéré dans l'intestin, d'où il est emporté rapidement par la diarrhée. Comment alors se fixeront les sels de chaux ?

De plus, dans l'intestin de cet enfant malade se font des fermentations morbides, se créent des poisons qui empêchent l'organisme de profiter des aliments sains qui lui sont offerts. Supposons une exagération de la fermentation lactique : l'acide lactique se dégage en quantités trop grandes pour être saturé par les bases ; il pénètre dans la circulation, arrive au niveau des cartilages de conjugaison, non pas pour apporter des matériaux de construction, mais, au contraire, pour en soustraire, pour se combiner à la chaux, lactate de chaux, qui va être emporté dans le torrent circulatoire et chassé par les reins.

Voilà les deux grandes causes de l'appauvrissement du système osseux : « Pénurie des matériaux nécessaires à ce développement, impossibilité pour l'organisme du petit être de fixer ces matières, de les élaborer et d'en faire des os. » Toute autre cause signalée n'entre en ligne de compte que pour augmenter cette pénurie, augmenter cette difficulté d'assimilation.

C'est dans ce sens qu'il faut comprendre le défaut d'air pur, le manque de soleil, le séjour dans des pays humides comme l'Angleterre, la Hollande, où les déformations osseuses furent signalées pour la première fois. En France même, l'humidité joue un grand rôle, et l'on cite l'exemple d'un enfant devenu rachitique, élevé dans une barque faisant le service d'un canal, et qu'une transplantation dans un air plus pur, plus sec, suffit à guérir. C'est au même titre qu'interviennent la syphilis et l'alcoolisme. Cette dernière cause intervient peu chez nous, sauf sous forme d'hérédité. Mais dans d'autres régions, dans le nord de la France, il s'agit parfois d'alcoolisme acquis, bien involontairement du reste, par le petit être ; j'ai vu des enfants auxquels, en guise de lait, on donnait du cidre. On conçoit facilement ce que cette substitution peut avoir de pernicieux pour le développement en général, pour le développement osseux en particulier.

Quels sont les effets de ces causes perturbatrices et tout d'abord au point de vue anatomique ? Pour les comprendre on n'a qu'à se reporter à ce que j'ai dit du cartilage de conjugaison, à son rôle dans le développement osseux.

Les cellules cartilagineuses attendent les matériaux qui, pour une des causes signalées tout à l'heure, n'arrivent pas. L'os ne se développe pas et, de plus, comme il y a un travail vital qui s'opère fatalement à son heure, il y a une aberration de ce travail ; cette aberration se traduit par un développement excessif, inusité, des cellules embryonnaires que j'ai montrées constituant au début tout le système osseux futur. Elles remplacent les cellules osseuses déjà formées, pénètrent la substance fondamentale du cartilage de conjugaison, étouffent les cellules cartilagineuses et bientôt, si on n'y remédie, la substance relativement

solide de ce cartilage va être transformée en un amas ra-
molli et toujours grossissant de ces cellules embryonnaires ; le tissu osseux est remplacé par le tissu spongoïde,
et comme ce tissu se développe de plus en plus, il finit par
constituer dans le voisinage des articulations, les nouures
du rachitisme ; l'enfant est noué.

De plus, ces cellules, ce tissu nouveau, qui ont pris un
développement anormal, vont pousser des prolongements
vers les os, surtout du côté de la diaphyse ; la substance
spongoïde prend la place du vrai tissu osseux, ramollit
ce tissu ; alors les os ramollis se laissent plier au gré des
attitudes favorites de l'enfant ou suivant le sens qu'on leur
imprime en maniant ou en portant l'enfant.

Nouures et déformations osseuses, voilà les deux grands
caractères du rachitisme. De plus, dès l'instant que le cartilage de conjugaison a son existence ainsi compromise,
que les cellules cartilagineuses sont remplacées par des
cellules embryonnaires, le développement du tissu osseux
n'est plus possible, la croissance va s'arrêter. En fait, c'est
ce qui se produit si on n'enraye pas les progrès du mal, si
les causes du rachitisme persistent ; alors le rachitisme
aboutit au nanisme ; l'enfant vieillit, mais reste nain.

Nous venons d'exposer les causes qui aboutissent à l'arrêt de développement, à l'appauvrissement du système
osseux. Il nous reste maintenant à parler de celles qui produisent une exagération de ce même développement : exagération en longueur, d'où le gigantisme, exagération en
volume, d'où l'acromégalie. Toutes ces anomalies sont
simplement des déviations de l'acte physiologique de croissance après les premiers âges de la vie. Comment donc
s'accomplit cette croissance ?

Les phénomènes de développement osseux peuvent être
comparés à ceux de l'évolution des dents. Dans les deux
cas, on retrouve les séries de développement séparées par
des intervalles de calme, de repos de l'organisme. Dans
les deux cas, aussi, l'évolution peut être normale, physiologique ; elle peut, si quelque cause la fait dévier, devenir
morbide, pathologique.

A l'état normal, de temps en temps, surtout au printemps, en été, (car c'est dans les saisons chaudes que se fait surtout la croissance), l'enfant se plaint de douleurs vagues dans les membres, d'un malaise général peu facile à exprimer, à analyser ; ce malaise retentit sur les fonctions digestives, sur les fonctions intellectuelles ou affectives. Cette crise si légère passée, on s'aperçoit que l'enfant a grandi. La crise est plus forte à l'âge de la puberté, entre 12 et 15 ans ; les douleurs sont plus vives, les troubles digestifs plus accentués, l'enfant s'isole, accuse des douleurs de tête ; ses mains, ses pieds grandissent démesurément, comme aussi les membres supérieurs et inférieurs ; l'enfant est tout en jambes et en bras, et il se sert avec gaucherie de ses membres, comme d'organes nouveaux, dont il n'a pas l'habitude. Sa voix mue, devient rauque, inégale ; c'est l'âge ingrat.

Que quelque cause intervienne qui trouble l'ordre normal du développement, (et ces causes consistent surtout en surmenage physique, moral ou mental), l'évolution physiologique va devenir une maladie, maladie caractérisée par des douleurs violentes au niveau des articulations, des troubles digestifs excessivement inquiétants, une céphalalgie grave, rebelle, la céphalalgie de croissance ; puis, en dernier lieu, la fièvre s'allume, fièvre en rapport avec les phénomènes congestifs ou inflammatoires qui se passent au niveau des cartilages de conjugaison.

Si l'enfant est sain, né de parents sains, et qu'aucune autre cause n'intervienne, tout rentre bientôt dans l'ordre, et cet ensemble symptomatique si inquiétant s'atténue puis disparaît sans laisser de traces. Mais si l'enfant est issu de parents tuberculeux, ou s'il a, au moment de la croissance, quelque affection comme rougeole, scarlatine, angine, fièvre typhoïde, susceptible de permettre la pénétration dans l'organisme de quelqu'un de ces microbes qui vivent en permanence dans les premières voies respiratoires ou digestives, alors la scène change. Que ce soit le bacille de la tuberculose, le staphylococus aurens ou albus, le streptocoque, tous ces microbes peuvent pénétrer les voies circulatoires ; de là, ils arrivent facilement au niveau des cartilages de conjugaison, ils détruisent les cellules osseuses déjà formées, les cellules cartilagineuses persistantes ou en voie de transformation; au lieu de tous ces éléments vitaux, le cartilage de conjugaison ne contient plus que des globules de pus, éléments de destruction et non d'organisation, qui empêcheront, eux aussi, la croissance ultérieure, par le même procédé que le tissu spongoïde aux premiers âge de la vie,

De plus, le pus fuse vers l'os, détruit la moëlle osseuse, décolle le périoste, produit la nécrose de l'os et parfois des séquestres très étendus. Il s'avance aussi du côté de l'articulation, décolle les cartilages articulaires, transforme en membrane suppurante épaisse, la membrane séreuse, la synoviale des articulations. Enfin, comme expression symptomatique de tous ces désordres profonds, la fièvre éclate, des plus intenses, analogue à celle des fièvres typhoïdes les plus graves, avec, comme signe distinctif avec ces fièvres, des douleurs térébrantes et difficiles à supporter, douleurs qui ont leur siège au niveau des membres, surtout dans la région des cartilages de conjugaison, au voisinage des articulations.

La mort peut être l'issue de cette grande désorganisation survenue en plein travail physiologique. Parfois aussi, soit spontanément, soit sous l'influence du traitement, le mal s'arrête, mais il laisse des traces de son passage : affaiblissement, atrophie, diminution du volume des os, atrophie des parties molles au niveau des membres atteints. D'autres fois des suppurations interminables nécessitent la trépanation de l'os et l'extraction des séquestres invaginés dans l'os.

Voilà énumérés presque tous les phénomènes physiologiques ou pathologiques de la croissance : je dis presque tous, car j'ai négligé jusqu'ici de vous parler d'un facteur important, le système nerveux. Il peut agir de deux façons. On sait que le phosphore est nécessaire au tissu nerveux, à la fonction nerveuse; à l'âge de la croissance, le cerveau, par un travail excessif, peut faire une dépense exagérée de ce produit ; de là, diminution du phosphore des os, des phosphates de chaux qui entrent pour une large part (51/100) dans la génération osseuse. De là résulte un arrêt, un trouble de croissance.

D'autre part, le système nerveux exerce une action spéciale, une action trophique sur tous les tissus : sectionnez un nerf, toutes les parties au-dessous de ce nerf souffriront dans leur nutrition, s'atrophieront. Et l'action sur les os est facile à montrer par un exemple pathologique : chez les ataxiques se produisent souvent des hypertrophies osseuses considérables ; j'ai vu des ataxiques se présenter avec un genou énorme, plus volumineux que dans la tumeur blanche la plus grave, et cette hypertrophie coïncide avec une dureté extrême de toute la région articulaire : les os seuls sont augmentés de volume, hérissés de nodosités qui font saillir la peau. J'ai vu la même altération aux pieds, qui devenaient quatre ou cinq fois plus volumineux qu'à l'état normal. Cette hypertrophie coïncide avec des crises de douleurs, avec des poussées aiguës de la myélite ; puis, tout se calme, et les parties tuméfiées reprennent peu à peu et sans traitement leur volume primitif. Il s'agit bien là d'une action spéciale exercée par le système nerveux sur le système osseux.

En possession de tous ces matériaux, on peut aborder l'étude du gigantisme et de l'acromégalie ; altérations osseuses qui, dans ma pensée, sont intimement liées l'une à l'autre.

Le gigantisme est connu dans ses expressions symptomatiques, c'est un accroissement anormal, on a même dit pathologique, de tout le squelette. J'y reviendrai, du reste, dans un instant. Il reste à dire ce qu'est l'acromégalie.

L'acromégalie est constituée par un développement excessif des os courts constituant les extrémités des membres, c'est-à-dire les mains et les pieds ; les os de la face, à l'exclusion des autres, participent à cette hypertrophie.

La maladie s'établit insidieusement ; dans la plupart des observations, les malades s'en aperçoivent par hasard, tantôt c'est une bague qui est devenue trop petite, tantôt une chaussure trop étroite. Mais à la période d'état, le diagnostic s'impose. On voit des mains énormes, gigantesques, mains en battoir, terminées par des doigts en boudin. Les pieds, les orteils subissent la même hypertrophie, et cette hypertrophie offre ceci de singulier, qu'elle ne déforme en rien les organes atteints ; ce sont de grosses mains. de gros pieds, mais dont la forme, la configuration n'a subi aucune altération : on est simplement choqué par la disproportion de ces parties avec le reste du squelette. Ajoutons que ce ne sont pas seulement les os, mais aussi la peau, les tissus conjonctif, musculaire , tendineur , qui participent à ce développement excessif.

Du côté de l'extrémité céphalique, les os du crâne restent normaux, mais les os de la face s'hypertrophient ; les apophyses orbitaires, les os des pommettes acquièrent un volume extraordinaire. Le nez grandit, la mâchoire inférieure devint énorme, fait saillir le menton en avant, en sorte que les dents inférieures, au lieu d'être cachées sous les supérieures, les dépassent fortement en avant. Les parties molles s'hypertrophient, les lèvres, surtout l'inférieure, deviennent énormes. Pour lutter contre le poids de la face, les muscles de la nuque se contractent, redressant le menton en avant et en haut, le cou s'allonge, et cette attitude et ce facies sont caractéristiques de l'acromégalie.

Plus tard, d'ailleurs, à ces signes spécifiques se joignent des signes moins importants : une déformation plus ou moins accusée de la colonne vertébrale et des côtes, des troubles auditifs. oculaires. et. en dernier lieu. une cachexie spéciale, caractérisée par une atteinte grave au moral du malade, à son intelligence, par une faiblesse nerveuse qui va en augmentant jusqu'à la mort.

Notons que l'acromégalie paraît de 15 à 35 ans ; qu'elle peut durer 10, 20, 30 ans et se termine le plus souvent par la mort.

Comment expliquer cette singulière maladie ?

On a fourni toutes sortes d'explications, toutes basées sur les résultats de la nécropsie. Dans quelques cas, on a signalé la persistance du thymus, dans d'autres l'atrophie du corps thyroide, et on a attribué à ces causes l'apparition de la maladie. D'autres y ont vu l'influence du système nerveux ; dans beaucoup d'observations, en effet, on note l'hypertrophie du corps pituitaire, petit organe nerveux de forme ovoïde, logé à la base du crâne, dans la selle turcique, appendu à la base du cerveau, entre les pédoncules cérébraux et les nerfs optiques. Ce corps, qui, à l'état normal, n'a pas plus de 10 à 12 millimètres dans son plus grand diamètre, a atteint, dans certains cas d'acromégalie, le volume d'un œuf de pigeon, d'une noix. Est-ce cette hypertrophie qui est la cause de la maladie, ou plutôt n'en est-elle pas l'effet, le corps pituitaire participant comme les os de la face au développement anormal ? Partout des hypothèses ! Sauf dans le mémoire du docteur Brissaud, aux idées duquel je suis bien près de me rallier.

Pour comprendre sa théorie, revenons au point où nous avons laissé tout à l'heure le développement osseux, c'est-à-dire à la fin de la période de croissance.

La croissance est terminée : l'enfant est devenu homme. Ce qu'il y avait de discordant dans son habitus extérieur, le développement exagéré de ses extrémités osseuses (constituant comme une sorte d'acromégalie transitoire), tout cela disparaît peu à peu, se fond, s'harmonise par le développement des parties molles , des muscles , du tissu adipeux. L'œuvre est parfaite.

Mais rappelons-nous que le cartilage de conjugaison n'a pas disparu complètement, qu'il en existe des vestiges, que la soudure osseuse n'est pas faite, qu'elle ne s'effectue en totalité que vers l'âge de 20 à 25 ans.

Tant qu'il existe une parcelle de ce tissu cartilagineux, la croissance, qui est arrivée à son terme physiologique, peut reprendre sous une influence pathologique.

Ceci est facile à démontrer par un exemple.

Les adolescents sont sujets à des maladies nombreuses, je parle de maladies aiguës, fébriles. Or, c'est un corollaire banal de la plupart de ces maladies que l'augmentation de la taille. Après une longue fièvre, après un long séjour au lit, on est frappé, à la guérison, de voir l'adolescent grandi. Pourquoi cette croissance, alors que la croissance physiologique avait eu son terme marqué ? C'est que la fièvre, qui amène une congestion de tous les organes, a produit un regain de vitalité des cellules cartilagineuses en train de disparaître ; c'est que ces cellules, sous cette influence, se sont multipliées, n'attendant qu'un apport de matériaux pour se transformer en cellules osseuses. Comment concevoir cet apport de matériaux ? Par la fièvre encore ! En effet, si, dans le cours d'une maladie, surtout au décours de cette maladie, on examine les urines, on les trouve surchargées en urates de soude, en phosphates de chaux. Donc, il y a eu, dans la circulation, une plus grande quantité de sels de chaux, peut être empruntés aux os eux-mêmes. Quoi qu'il en soit, ils profitent dans leur augmentation ultérieure de cette perte momentanée. Le développement osseux subit une augmentation anormale, pathologique, mais certaine ; ne pourrait-on pas appliquer cette théorie à la production du gigantisme ?

La plupart des géants ont été, jusqu'à l'âge de 15 à 16 ans, semblables pour la taille aux autres adolescents. Vers l'âge de 16 ans, et jusqu'à 20 ans, quelquefois 22, leur taille augmente, et augmente sans cause appréciable. Cependant, on peut tirer de leur histoire quelques indications utiles. La plupart vivaient au grand air, au grand soleil, conditions adverses de celles présidant au développement du rachitisme. Ils avaient une nourriture surtout constituée par la soupe et le pain, nourriture extrêmement riche en sels de chaux. De plus, ils travaillaient aux champs, et tous étaient de rudes travailleurs. On sait ce qui se produit dans le travail musculaire exagéré. On retrouve dans les urines les mêmes urates, les mêmes phosphates qu'après un accès prolongé de fièvre. Et sous cette influence, pourquoi n'admettrait-on pas un réveil des cartilages de conjugaison, une multiplication des cellules cartilagineuses, qui, trouvant dans le sang des matériaux calcaires plus abondants qu'à l'ordinaire, se transformeront en cellules osseuses, contribuant ainsi à l'augmentation de la taille et produisant le gigantisme ?

Mais, de même que la croissance normale a un terme mystérieusement fixé par la nature, la croissance anormale, qui constitue le gigantisme, a un terme, elle aussi, et moins mystérieux, c'est la soudure des cartilages de conjugaison : alors l'homme ne grandit plus. Mais si les causes qui ont amené le gigantisme persistent, il faut bien

que ce travail se traduise par un effet palpable, et il se tra-
duira au point où il y a le plus grand nombre d'extrémités
osseuses, au niveau des mains et des pieds. Et comme ces
os ne peuvent plus s'allonger, il se fait, à leur niveau, une
hypertrophie massive, hypertrophie en largeur et en épais-
seur, qui, suivie par l'hypertrophie des parties molles,
aboutira aux lésions caractéristiques de l'acromégalie.

Donc, on peut dire avec Brissaud que le gigantisme et
l'acromégalie sont une reprise de la croissance, reprise qui,
pour le gigantisme, arrive à un moment où les extrémités
des os longs peuvent encore se développer en longueur,
grâce à la persistance des cartilages de conjugaison, tandis
que, pour l'acromégalie, cette reprise de croissance ne peut
avoir d'effet sur ce développement et n'aboutit qu'à l'hypertrophie en masse des os courts des extrémités et de la face.

Ce qui démontre encore mieux l'identité des causes de ces
deux affections, c'est que toutes les deux se trouvent, assez
souvent, réunies chez le même sujet.

Brissaud a cité de ces associations un exemple si ins-
tructif, que je veux vous en dire quelques mots.

A une foire de Paris, le docteur Brissaud s'arrête devant
une baraque ; sur une immense toile, l'artiste forain avait
représenté la silhouette d'un géant. Brissaud fut frappé du
développement exagéré des extrémités des membres, plus
encore lorsque le géant eut montré, par des orifices mé-
nagés à cet effet, ses mains et ses pieds. Il entra et fut bien
vite convaincu : c'était un géant et un acromégalique. Il le
fit venir à sa clinique, l'interrogea, l'examina et raconta
son histoire.

C'était un homme de 47 ans. Jean-Pierre, le laboureur
de Montastruc que, il y a quelque vingt ans, on pouvait
voir lutter dans l'arène contre le géant suédois. Jusqu'à
l'âge de 16 ans, Jean-Pierre eut une stature moyenne ; à
partir de cet âge, il grandit sans discontinuer ; à 20 ans, il
mesurait 2 mètres 12 ; dans les deux années qui suivirent,
sa taille atteignit 2 mètres 20. Il cessa de grandir, et c'est
à ce moment que durent commencer les déformations que
Brissaud constate aujourd'hui. Quoi qu'il en soit, de laboureur, Jean-Pierre devint lutteur et le resta jusqu'au jour

où, soulevant un lourd fardeau, il sentit sa colonne vertébrale s'effondrer ; sa taille s'affaissa, et, au moment où
Brissaud l'examinait, il ne mesurait plus que 1 mètre 86.
Cependant il restait géant par ses membres : le supérieur
mesurait 1 mètre 3, l'inférieur 1 mètre 16. Mais ce qui frappa
le plus Brissaud, c'est la longueur de la grande envergure
des bras, c'est-à dire la longueur de l'extrémité d'un médius à l'autre, les bras étant tendus A l'état normal, pour
une taille moyenne de 1 mètre 65, la grande envergure ne
dépasse que de quelques centimètres (3 ou 4) la dimension
de la taille ; et chez les géants, cette différence, au lieu
d'augmenter, diminue. Chez Jean-Pierre, au contraire, la
grande envergure atteint encore 2 mètres 40, ce qui, même
en se reportant à sa taille primitive, constitue une proportion tout à fait anormale. Et ce sont les extrémités osseuses
des membres, les mains surtout, qui constituent cette ano-
malie ; les mains, en effet, ont 26 centimètres de longueur,
et le médius mesure 15 centimètres. Le pied offre le même
développement excessif, sa longueur est de 36 centimètres.
C'est ce développement des extrémités des membres qui
avait amené le docteur Brissaud à son diagnostic, diagnostic
corroboré encore par le développement des os de la face,
à l'exclusion des os du crâne ; ce qui constitue bien l'acromégalie telle que j'ai essayé de vous la décrire.

J'en aurais fini avec cette étude, s'il n'y avait pas deux
autres altérations osseuses qui intéressent le développement osseux à l'âge adulte et qu'il faut savoir distinguer
de l'acromégalie.

La première est l'ostéite déformante de Paget, ainsi
appelée du nom du savant qui, le premier, la décrivit.
Il me sera relativement facile d'en faire la description, car
cette description est presque d'un bout à l'autre l'antithèse
de celle de l'acromégalie. Ici, les os de la face restent normaux ; au contraire, les os du crâne s'hypertrophient d'une
façon démesurée, et c'est à l'occasion d'un chapeau, d'une
coiffure devenus trop petits, que le malade aperçoit son
mal. A la période d'état, le crâne est augmenté de volume
dans tous ses diamètres ; les os qui le composent se sont
épaissis, le crâne coiffe la face restée petite, l'étouffe,

l'écrase et son poids entraîne la tête, qui se penche vers le sternum.

Les extrémités des os des membres, les mains, les pieds, restent normaux. L'altération osseuse porte sur les os longs, surtout aux membres inférieurs. Le fémur est augmenté de volume, surtout au niveau de la hanche. Le tibia est le plus fortement atteint par l'hypertrophie : ses faces s'élargissent, il augmente de volume, de plus, il subit une déformation qui lui fait décrire une courbure très prononcée à concavité antérieure.

L'ensemble des membres inférieurs subit, en totalité, une déformation qui amène une courbure à concavité interne.

Cette déformation produit une diminution de la taille, diminution encore augmentée par un affaissement de la colonne vertébrale. Alors le facies, l'attitude du malade deviennent caractéristiques. Le crâne pèse sur le tronc, fait pencher la tête en avant et les épaules se redressent pour supporter ce poids inusité. La courbure anormale des membres inférieurs, jointe au poids des os qui les composent, amène une grande difficulté de la marche ; le malade marche en se dandinant, les jambes écartées, en s'aidant avec une canne. Et comme les membres supérieurs ont leur longueur normale, tandis que les membres inférieurs ont diminué de longueur sous l'influence de la courbure pathologique, les mains viennent flotter au-dessous des genoux. Le malade a tout à fait l'attitude et le facies simiesque.

Cette affection, qui débute vers l'âge de 50 ans, frappe les deux côtés du corps avec prédominance de la déformation d'un des côtés sur l'autre. Par elle-même elle n'entraîne pas la mort ; enfin, on a souvent noté la fréquence du cancer chez les sujets frappés par cette maladie.

Je vous ai cité cette affection pour rester fidèle au cadre que je m'étais tracé et pour aider au diagnostic de l'acromégalie. Sans cela je l'aurais passée sous silence, car on ne connaît pas ses causes.

C'est pour ce même motif que je vous signale brièvement la dernière altération dont nous ayons à nous occuper : l'ostéo-arthrite déformante pneumique.

Celle-ci apparait à un âge indifférent, cependant, dans la plupart des cas, au-dessus de 20 ans. Le défaut de régularité dans son apparition s'explique quand on sait que ce n'est pas une maladie spéciale, une entité, mais seulement un accident, une complication des affections chroniques de l'appareil respiratoire, la phthisie pulmonaire surtout. Elle laisse le crâne et la face absolument indemnes, n'amène aucune altération des os longs des membres supérieurs et inférieurs. L'altération porte uniquement sur les extrémités des membres, les mains, les pieds. Elle consiste, comme dans l'acromégalie, en une hypertrophie des petits os des extrémités, extrémités qui acquièrent ainsi un volume énorme. Mais, tandis que dans l'acromégalie les mains, les pieds, quoique augmentés de volume, conservent leur forme normale, ici, ces organes grossis sont de plus difformes, monstrueux.

Les os s'hypertrophient irrégulièrement, accusant des saillies anormales, que les parties molles ne viennent pas masquer, car elles ne suivent pas le mouvement hypertrophique. La lésion commence au niveau du poignet, qui acquiert un volume démesuré ; le carpe comme le tarse restent presque indemnes ; puis le mal s'accuse de plus en plus, en passant des os du métacarpe aux phalanges, aux phalangines, aux phalangettes ; la phalange unguéale est relativement beaucoup plus grosse que les autres et se termine par une sorte de battant de cloche. Les mêmes altérations se produisent au niveau du cou de pied, au métatarse et aux orteils. En somme, il s'agit, dans ces cas, de l'exagération de ce qui se passe chez les phthisiques dont les ongles sont bombés, les extrémités unguéales hypertrophiées, doigts en massue, doigts en marteau, sans qu'on puisse encore élucider la nature de cette hypertrophie, la relation entre cette hypertrophie et les désordres pulmonaires.

Arrivé au terme de cette étude, dont malheureusement quelques points restent encore dans l'ombre, je serais heureux si j'avais pu faire comprendre le rôle du cartilage de conjugaison dans le développement des os, dans la croissance normale, son rôle dans la production du rachitisme et du gigantisme. J'ai fait, de ces phénomènes pathologiques, une étude purement anatomique.

Il serait peut-être intéressant d'étudier plus tard les moyens hygiéniques ou thérapeutiques permettant de lutter contre ces déviations du développement osseux.

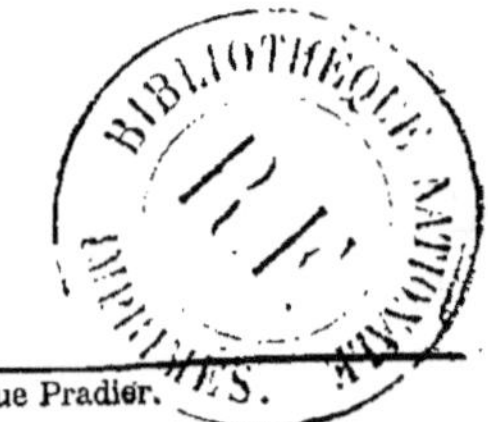

Nîmes. — Typ. F. Chastanier, 12, Rue Pradier.

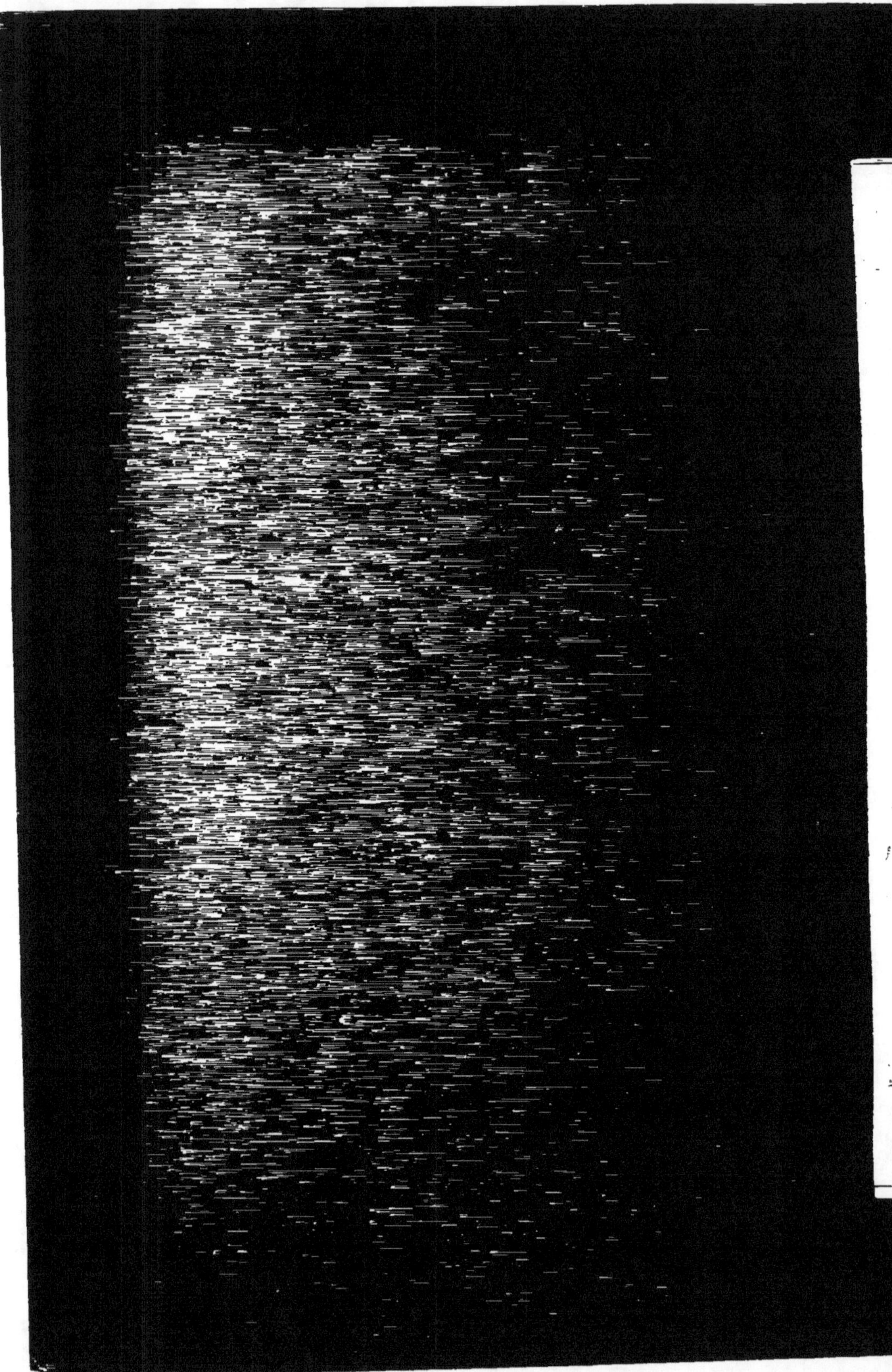

www.ingramcontent.com/pod-product-compliance
Lightning Source LLC
Chambersburg PA
CBHW071425030726
47594CB00006B/2582